Gunther Greßmann

STEINWILD

Mythos der Berge

Österreichischer Jagd- und Fischerei-Verlag

Gunther Greßmann

STEINWILD

Mythos der Berge

Österreichischer Jagd- und Fischerei-Verlag

Dr. Gunther Greßmann

Jahrgang 1972. Biologe und Wildökologe im Nationalpark Hohe Tauern/Osttirol. Aus Stainach an der Enns zugewandert.

© 2012 by Österreichischer Jagd- und Fischerei-Verlag, Wickenburggasse 3, 1080 Wien

Lektorat, Layout, Leitung Produktion: Dr. Michael Sternath
*Lilmull Inica Inju Lai: Cow'ntown faw Shammy –
Cow'ntown faw Goof send …*

Verlagsassistenz und Sekretariat: Angela Pleyel

Repro: Blaupapier, Wien

Gesamtherstellung: Druckerei Ferdinand Berger & Söhne Ges.m.b.H., Horn

ISBN 978-3-85208-103-8

Zum Geleit

Hohe Berge haben den Menschen seit jeher fasziniert. Meist waren sie schwer zugänglich und nur unter Gefahr zu erreichen – oft genug auch unter Einsatz des eigenen Lebens. Bergwildnisse galten als Heimstatt von Berggeistern und Dämonen, die den Menschen oft reich beschenkten, aber auch narrten und in die Irre führten.

Auf den hohen Gipfeln begann jedoch auch das Reich der Götter. Mit ihnen lebte da oben, dem Himmel nah, ein Tier, um das sich Sagen und Mythen rankten: der Steinbock. Sein selbstbewusstes und freies Leben inmitten steiler Felswände und schroffer Grate zog den Menschen in seinen Bann.

Es gibt Menschen, die sich einer bestimmten Tierart auf magische Weise verwandt und verbunden fühlen. „Totemtier", sagten die Indianer dazu. Gunther Greßmann, der Autor dieses Buches, hat solch ein Totemtier. Es ist, wenig überraschend, der Steinbock. Seit Jahrzehnten begleitet er das Steinwild mit seiner Kamera, ist den Kletterkünstlern in ihre Berge nachgestiegen und lebt mit ihnen auf Du und Du. In diesem Buch legt er Zeugnis ab und zeigt sagenhafte Bilder von dem sagenumwobenen Tier. Bilder, wie sie noch nie zu sehen waren. Bilder, wie man sie kaum mehr sehen wird. Bilder, die den Mythos Steinbock offenbaren.

Michael Sternath,
Österreichischer Jagd- und Fischerei-Verlag

Inhalt

Zum Geleit 5

VERSUCH EINER ANNÄHERUNG
  Mythos Steinbock 9

FRÜHJAHR UND FRÜHSOMMER
  Und es juckt 29
  Man lernt sich kennen 43
  Akrobaten im Fels 59
  Wohin? 77
  Felsenkinder 91

SOMMER UND HERBST
  In den Steinwüsten 105
  In der Ruhe liegt die Kraft 123
  Vom Ende der Leichtigkeit 145

WINTER
  Brunft 155
  Schneewüsten 173

Versuch einer Annäherung

Mythos Steinbock

Die Unbill des Hochgebirges ist ja so reich an Zufälligkeiten, dass wir Talbewohner diese gar nicht in einen Zusammenhang bringen können. Ganze Bände könnte ich schreiben von Steinbock-Erlebnissen, welche dort die Heger, die Treiber, die Hirten und nicht zuletzt die Pfarrer der kleinen Gemeinden mir mitgeteilt haben …

E. Rancillio, Kunstmaler, 1912

Wer einen Steinbock sieht, den nimmt sofort sein mächtiges Horn gefangen. Aber reichen die mächtigen Hornsicheln alleine aus, um all die Legenden zu erklären, die sich um dieses Wild ranken? Sicher nicht! Da spielt viel mehr zusammen: etwa die Unberechenbarkeit des Hochgebirges, wo das Steinwild lebt, dann seine unglaublichen Kletterkünste, weiters die Gelassenheit, die es ausstrahlt. Und schließlich sind da auch noch die vielen menschlichen Schicksale, die sich im Zusammenhang mit dem Steinwild erfüllten. All dies führte dazu, dem Alpensteinbock Geheimnisvolles nachzusagen …

Die einzigartige Vielfalt der Bergwelt – sie entsteht immer wieder neu und zieht den einfühlsamen Betrachter unwiderruflich in ihren Bann.

Spitzen, Grate, Kämme und Karstlandschaften prägen die Alpen ebenso wie ihr Wasserreichtum und die sanften Matten.

Mythos Steinbock

Vor kurzem lag hier noch alles Grau in Grau. Der Sonnenaufgang weckt die Farben und lässt die Berge nach und nach in ihrer ganzen Schönheit erstrahlen.

Sattes Grün – es währt aber nicht lange. Allzu schnell, wenn auch zu Beginn heimlich, mischen sich auf den hoch liegenden Matten die Farben des Herbstes hinein.

Im Angesicht der Schönheit vergisst es der Mensch leicht: Binnen Sekunden kann in den Bergen der Tod die Bühne betreten.

Schaukelt sich hier die labile Luft zum nächsten Gewitter auf? Oder wird einen nur der Nebel verschlucken? Wird man den Steig halten können?

Gefahr! – Jetzt kann es schnell gehen…

Auch hier lauert unter heiterem Himmel ein Bergdrama. Gelegentlich werden Schneebretter den Wildtieren zum Verhängnis.

Tribut an den Berg. Oft ist es Unerfahrenheit, die den Tod bringt. Oft spielt aber auch der Zufall eine Rolle. Vielleicht war dieser Steinbock nur zur falschen Zeit am falschen Ort.

Alpenaurikel (Petergstamm)

Frühlingsküchenschelle

Trotzdem siegt aber alljährlich das Leben über den Tod, nicht nur in der Tierwelt. Betrachtet man die Welt im Kleinen, zeigt der kurze Bergsommer, welch farbenfrohe Kraft er besitzt.

Spinnweb-Hauswurz

Alpen-Leinkraut

Gänsegeier

Und hier heroben, wo große Vögel seit jeher den Menschen in ihren Bann ziehen und Anlass zu Legenden gaben…

Murmeltier

… hier, wo überall kleine geheimnisvolle Männchen auf Felsvorsprüngen sitzen und dem Wanderer zusehen…

weißer Rehbock

… wo elfenhafte Wesen vorkommen, die Unheil abwenden oder, wenn man sie reizt, bringen können …

junger Kohlgams

… und wo alljährlich schwarze Teufel bei wilden Verfolgungsjagden beobachtet werden …

… hier soll ein ziegenähnliches Wesen seiner Wege ziehen. Von unscheinbarem Aussehen wird ebenso berichtet …

… wie von mächtigen Hörnern, an welchen sich – wie alte Geschichten erzählen – die Tiere auch an Felsvorsprüngen einhängen können.

Immer wieder halten diese Wesen an Graten Ausschau und lassen den, der nach ihnen sucht, nicht mehr aus den Augen.

Aber oft, gleich nachdem man sie entdeckt hat, verschwinden sie in unwegsamem Gelände – und waren nicht mehr gesehen.

Wer ihnen dort oben einmal begegnen darf,
wird dankbar sein und Ehrfurcht empfinden.

Was macht den Mythos „Steinbock" aus? Ist es die Art zu kämpfen, die uns beeindruckt?

Oder ist es die unendliche Ruhe, die vor allem die Böcke ausstrahlen? Kein anderes Wildtier würde sich am helllichten Tag auf offener Fläche so ungeniert ein Schläfchen gönnen.

Oder sind es letztlich doch nur die großen Hörner der Böcke, die das Auge des Betrachters magisch anziehen?

Aber da waren ja auch noch die schier unglaublichen Kletterkünste, die das Steinwild in höchste Höhen führt und so manchem Jäger das Leben kosteten, der diesem Bergwild folgte.

Über allen Gipfeln ...

Die Hörner allein sind es nicht, die die Magie ausmachen. Denn im Grunde genommen spielt es keine Rolle, ob es sich um eine Gais mit ihren kurzen Hörnern im Sommereinstand …

… oder um einen mit größeren Hörnern ausgestatteten Bock bei einer seiner Wanderungen vor der Brunft handelt – die Faszination bleibt dieselbe.

Letztlich ist die Erklärung ganz einfach: Das Zusammenspiel zwischen faszinierendem Wild und extremem Lebensraum ist es, was am Steinwild so fesselt.

Frühjahr und Frühsommer

Und es juckt …

Endlich – der harte Bergwinter mit seinen teils arktischen Temperaturen ist überstanden. Steinwild kann ihn nur deshalb überleben, weil die Natur es mit einer überaus dichten Winterdecke ausgestattet hat. Das Sommerhaar wird nicht einfach – wie bei anderen Tieren – gegen Winterhaar gewechselt, sondern das Winterhaar wächst durch die Sommerdecke durch und wird damit noch dichter. Das ergibt schließlich ein derart winterfestes Haarkleid, dass Steinwild erst dann aktiv Körperwärme erzeugen muss, wenn es mehrere Grad unter Null hat.

Im Frühjahr wird dann das gesamte Haarkleid ausgetauscht. Es fällt oft in ganzen Büscheln aus, was die Tiere wie zottelige Perchten aussehen lässt. Das Steinwild hilft bei diesem Haarwechsel tatkräftig mit, um das Jucken ein wenig zu lindern. Überall wird gekratzt, genagt oder auch an Felsen und Sträuchern gerieben. Die Tiere wissen dabei auch ganz genau, an welche Körperstellen sie mit ihren Hörnern und Läufen hinkommen.

Auch wenn das Winterhaar bereits ausfällt, zieht es die Böcke an heißen Tagen dennoch entweder nach oben oder in die Nähe von Schneefeldern, wo der Wind Kühlung bringt.

Schnee bringt aber nicht nur Kühlung, er birgt auch Gefahren. Wenn Steinwild um diese Jahreszeit beim Einstandswechsel Schneefelder quert, was häufig notwendig ist …

… trügt nämlich oft genug der Schein. Schneefelder mit scheinbar fester Kruste sind unterhalb schon ausgehöhlt.

Das bereits zu erkennende Sommerhaar ist eigentlich schon der Beginn der Winterdecke, die bis zum Spätherbst immer mehr verdichtet und ergänzt wird.

Das Verhären muss unglaublich jucken. Es gibt kaum eine Zeit, in der sich die Tiere nicht irgendwo durch Kratzen oder Reiben Erleichterung verschaffen.

Und es juckt...

Hier hilft die Hornform: Mit einer derartigen Auslage kommt man selbst unter dem Körper durch, um sich auf der anderen Seite zu kratzen.

Für jene Stellen, wo die Hörner nicht hinkommen, gibt es glücklicherweise noch vier Läufe, die man einsetzen kann.

Im Frühjahr bearbeiten vor allem Böcke immer wieder Pflanzen bis hin zu jüngeren Bäumen.
Aggression? Jucken? – Bei der Erklärung von Verhaltensweisen ist immer Vorsicht geboten.

Hier geht's aber eindeutig ums Kratzen, und zwar unter Zuhilfenahme eines Graspolsters …

… während dieser Bock mit Rutschen großflächig an die Sache herangeht.

Und es juckt …

Die Reichweite der kurzen Hörner der Gaisen ist begrenzt – da sind gelegentlich ganz schöne Verrenkungen notwendig, um sich Abhilfe zu verschaffen.

Steinwild hat's leicht: Für einen sicheren Stand bleiben immer noch drei Läufe – Gut zu erkennen: Im Gegensatz zum Gams hat das Gesäuge der Steingais nur zwei Zitzen.

Freundlich sind sie ja, die Steinböcke. Dieser Bock kratzt sich nicht nur, er schenkt dem Beobachter auch gleich ein Lächeln. Oder hat er gemerkt, dass er fotografiert wird?

Der Frühling bedeutet aber nicht nur Erneuerung des Haarkleides – auch frische Grünäsung entsteht. Und gekonnt setzt die Natur die bunten Farben der Berge in Szene.

Wo habe ich denn da hineingebissen? – Beim Äsen kann man nun wieder aus dem Vollen schöpfen. Der Pansen eines Bockes kann mehr als zwanzig Liter fassen.

Blattäsung ist nun bei den Steinböcken gefragt. Und wenn man schon so gut klettern kann, warum sollte man dies nicht nutzen?

Der Haarwechsel ist eine Gratwanderung. Temperaturen unter dem Gefrierpunkt in der Nacht und in den ersten Morgenstunden sind keine Seltenheit. Und auch späte Kälteeinbrüche, …

… wie hier Anfang Juli, kosten dem Steinwild einiges an Energie. Aufgrund des Wechselspiels von Kalt und Warm dauert es mitunter bis Ende Juli, bis das Sommerkleid ganz fertig ist.

Ein überraschendes Zusammentreffen auf 3.000 Meter Seehöhe Ende Juni. Die Wärme hat das Steinwild in die Höhe gezogen – zumindest am Träger ist aber noch viel Winterhaar da.

Jucken hin oder her – Zeit für ein gemütliches Schläfchen nach all den Strapazen des Winters muss sein. Und die Steinböcke haben viel Zeit, im Gegensatz zu uns Menschen. Spannend auch zu sehen, wie gekonnt dieser Bock sein linkes Horn zu Stützzwecken einsetzt.

Zwei Böcke in der fertigen Sommerdecke. Und seltsam, auch wenn das ganze Haarkleid längst gewechselt ist – es juckt trotzdem.

Die Erklärung dafür: Selbst im kürzeren Sommerhaar leben noch zahlreiche Parasiten, die unter Umständen auch Krankheiten verursachen können, wie etwa Räudemilben.

Man lernt sich kennen

Das Frühjahr ist einer der spannendsten Abschnitte im Jahresablauf des Alpensteinbocks. Wenn die Böcke von den Wintereinständen in die Sommergebiete wechseln und sich zu größeren Rudeln zusammenschließen, treffen Tiere aufeinander, die sich noch nicht kennen oder die sich länger nicht mehr gesehen haben.

Nun gilt es, die Rangordnung wiederherzustellen, auch schon im Hinblick auf die Brunft im Dezember. Während dies bei jüngeren Böcken meist in mehr oder weniger heftigem, aber dennoch spielerisch anmutendem Schlagabtausch abläuft, lassen ältere Böcke größere Vorsicht walten. Viele Bereiche der Verständigung untereinander spielen sich über Körperhaltung oder Bewegung ab. Beispielsweise lässt die Lauscherstellung oftmals Rückschlüsse auf den Gemütszustand eines Tieres zu.

Zahlreiche ältere Böcke kennen einander bereits aus den Vorjahren. Treffen jedoch Unbekannte, etwa Gleichstarke aufeinander, so kann es mitunter ernsthaft zur Sache gehen. Längere Auseinandersetzungen finden zwar auch im Frühjahr nicht allzu oft statt, jedenfalls aber ungleich öfter als in der Brunft. Häufig wird die Zeit nach der morgendlichen Äsung zum Ausloten der Rangordnung innerhalb der Verbände genutzt, wenn sich die Böcke zu den Tageseinständen hin bewegen. Manchmal übertragen sich Spannungen zwischen einzelnen Böcken auch auf das ganze Rudel. Jede unbedachte Bewegung eines Bockes oder das Unterschreiten der gerade noch tolerierten Entfernung zueinander – Wissenschaftler nennen diese Entfernung „Individualdistanz" – kann nun einen Streit vom Zaun brechen. Mitunter ist es als Beobachter schwer, den Überblick zu bewahren.

Aus verschiedenen Wintereinständen kommend, treffen viele Böcke im Frühjahr aufeinander. Nun gilt es, Rangordnungen neu festzulegen – überall ist Bewegung.

Das Horn als Verständigungsmittel: Böcke gruppieren sich im Rudel nach etwa dem gleichen Alter. Unter diesen Altersgenossen muss man wissen, wo man in der Rangordnung steht.

Aus einer übermütigen Spielerei heraus entwickelt sich bei den beiden jungen Böcken ein Schiebekampf, der alsbald in einen spielerischen Schlagkampf übergeht.

Ohne wirklich erkennbarem Grund wird aus dem Spiel Ernst, und der nun folgende Schlagabtausch zieht sich über mehr als zwanzig Minuten hin.

So unvermittelt, wie der Kampf heftig geworden ist, so plötzlich endet er auch, und der Sieger reitet auf, was man als Dominanzverhalten auslegt.

Ältere Böcke gehen Auseinandersetzungen meist vorsichtig an. Stehen sie sich so frontal gegenüber, handelt es sich meist nur um ein Geplänkel und Abtasten.

Kein Bock mit drei Hörnern, sondern hier drängt ein Bock den Gegner seitlich weg. Dies hat schon ernsteren Charakter – es besteht die Gefahr eines seitlichen Hornschlages.

Da könnte es jetzt wirklich ernst werden! Keiner der beiden Böcke scheint bereit nachzugeben. Auch die nach hinten gedrehten Lauscher deuten auf eine geladene Stimmung hin.

Ernsthafte Kämpfe können, mit Unterbrechungen, auch stundenlang dauern. Sie kommen aber aufgrund der Vielfalt an anderen Verständigungsmöglichkeiten nur selten vor.

Ein Altersunterschied von einem Jahr bedeutet in der Jugend körperliche Überlegenheit. Und als Halbstarker muss man den Jüngeren natürlich zeigen, um wieviel stärker man ist.

Auch die Muskelspannung verrät, ob es zur Sache gehen wird. Hier ist man sich nur zu nahe gekommen, und ein kurzes Drohen mit gesenktem Haupt reichte aus, um die Sache zu klären.

Anders hier: Diese Auseinandersetzung hatte sich seit Stunden abgezeichnet, die Anspannung der Tiere zeigt den Ernst. Ein einziger heftiger Hornschlag verschaffte schließlich Klarheit.

Schon in den Morgenstunden gab es ein kurzes Abtasten zwischen diesen beiden Böcken. Danach ästen sie weiter, wobei sie stets denselben Abstand hielten. Zwei Stunden später begannen sie mit einem Parallelgang, ähnlich dem Rotwild, der in einer ersten vorsichtigen Berührung endete…

… woraufhin die Böcke nicht mehr voneinander abließen und die Position im Hang und die Rolle des Schlagenden ständig wechselten. Die Auseinandersetzung dauerte fast eine Stunde. Schließlich begannen die Böcke wieder friedlich zu äsen. Ein Sieger war nicht auszumachen.

Man lernt sich kennen

Wie ein Spiel sieht es oft aus, wenn Böcke aneinandergeraten. Dabei verständigt man sich auf unterschiedlichste Art und Weise innerhalb festgelegter Rituale über die Rangordnung.

Rangordnung ist eng mit dem Alter verbunden.
Er wird in der Hierarchie weit oben stehen.

Auch unter den Gaisen wird die Rangordnung im Frühjahr wieder neu gefestigt, und selbst die weiblichen Jährlinge wollen zumindest unter Gleichaltrigen wissen, wo sie stehen.

Der ältere Bock zeigt, wer der Chef ist und macht dem jungen Bock klar, dass er diesen Liegeplatz beansprucht.

Spielerisch werden hier die Hörner aneinander gelegt. Auch wenn es nicht ernst wirkt, die Böcke selbst können aus solchem Verhalten vieles ablesen. Was genau, weiß man allerdings nicht sicher.

Mit einem Gähnen am Ende wird beschwichtigt. Die Auseinandersetzung ist beiseite gelegt, und es kehrt wieder Ruhe ein.

Vor allem Böcke lassen sich meist anhand von Horn- oder Körpermerkmalen unterscheiden: ein und derselbe Bock – mit auffällig ausgedrehtem Horn – im Alter von 5, 6, 7 und 8 Jahren.

So individuell die Hörner, so unterschiedlich auch die Charaktere. Der Bock mit dem ausgedrehten Horn ist ein Phlegmatiker – das Glück eines jeden Fotografen!

Lichtverhältnisse und Haupthaltung können oft täuschen. Während derselbe Bock links massig und ausgelegt erscheint, wirkt er rechts eher enggestellt mit dünnen Hörnern.

Vom Lausbuben zum Mann: Allein am Haupt dieses Bockes ist die langsame Entwicklung der männlichen Tiere gut zu erkennen. Links ist er 7 Jahre alt, rechts gerade 10 geworden.

Akrobaten im Fels

Da, plötzlich eine Bewegung im Fels! Lange musste man Ausschau halten, ehe das erste Stück zu entdecken war. Doch jetzt, wo das Auge sich auf Farbe und Form eingeschaut hat, sind bald auch weitere vier Gaisen und ein junger Bock gefunden. Wie sind sie aber auf dieses Grasband gekommen? Rundherum stürzt die Wand senkrecht in die Tiefe. Erst gegen Abend, als die Tiere das Band verlassen, erkennt man die fast unsichtbaren Vorsprünge, auf denen sie Halt gefunden haben.

Jeder Fehltritt kann für das Steinwild fatal enden – es befindet sich auf einer lebenslangen Gratwanderung. Selbst in brüchigem Gestein oder auf losen Steinplatten bewegt es sich mit einer Selbstverständlichkeit, die seinesgleichen sucht, und beim Queren von Geröllfeldern muss man sich ohnehin immer wieder wundern, dass es nicht öfter zu Verletzungen kommt.

Wer schon einmal nahe am Steinwild sein durfte und gesehen hat, wie mühelos es sich bewegt und wie ansatzlos selbst ältere, schwere Böcke ihren Körper im Fels nach oben schnellen, den wird dieses Wild nicht mehr loslassen. Ein Leben lang.

Scheinbar mühelos durchqueren diese beiden jungen Stücke eine fast senkrechte Felswand.

Am Auslug: Die Tageseinstände der Steinböcke liegen meist höher als die Äsungsflächen – die Aussicht hier ist atemberaubend, Schwindelfreiheit vorausgesetzt.

Felsplatten bereiten dem Wanderer Schwierigkeiten. Steinböcke meistern solche Hindernisse mit links – der harte Rand der Schalen mit gleichzeitig weichen Ballen macht es möglich.

Rasches Erfassen der Strukturen im Fels erfordert die volle Konzentration auf den Untergrund. Mitunter muss man die Läufe schon überkreuzen, um sicheren Stand zu behalten.

Die Vorderschalen sind beim Steinwild größer als die Hinterschalen. Oft sind die Vorsprünge, die Halt bieten, sehr klein. Da kann es mit vier Füßen schon einmal eng werden.

Bewegungsstudie im Fels – in solchem Gelände kommen auch die Afterklauen zum Einsatz.

Ein gemütlicher Spielplatz.

Steilheit, Fels und Abgründe – um in solchen Gebieten zu überleben, benötigt es Koordination, Balance sowie gute Muskeln, Sehnen und Bänder, die solche Sprünge abfedern.

Anders als der Gams hat das Steinwild kein Sehnenband zwischen den beiden Schalen eines Hufes. Die Schalen sind dadurch etwas beweglicher und weiter spreizbar.

Die im Verhältnis zum Gams kürzeren Läufe bedingen unter anderem Hebelwirkungen, die Steinwild unglaubliche Sprünge vollführen lässt – selbst aus dem Stand.

Steinböcke scheinen oft mit dem Fels magisch verwachsen. Doch sie wissen sehr genau, an welchen Stellen sie Felswände durchqueren können.

Steinwild wird auch „Fahlwild" genannt – mit gutem Grund. Vor allem im Frühjahr verschmelzen die Tiere aufgrund ihrer Färbung häufig mit dem Untergrund.

Vor wenigen Minuten haben diese Böcke noch das erste frische Grün am Talboden geäst. Hier herauf in die Tageseinstände steigt ihnen so schnell keiner nach.

Böcke wissen genau, wie weit ihre Hörner nach außen reichen. Im Steilgelände ist dieses Wissen lebensnotwendig, damit man nicht durch Berührung mit dem Fels die Balance verliert.

Jetzt ist höchste Konzentration gefragt! Fast scheint es, als wollten diese jungen Stücke wissen, wo hier die Grenzen des Machbaren liegen.

Keinesfalls schwerfällig zieht dieser Bock seine mehr als achtzig Kilogramm nach oben. Es ist immer wieder erstaunlich, mit welcher Leichtigkeit sich selbst solche Böcke im Fels bewegen.

Gaisen können dank ihrer kurzen Hörner und des grazileren Körpers noch extremere Felsgebiete erobern als Böcke. Das bringt vor allem bei großen Schneehöhen Vorteile.

Im Spiel kurz nicht aufgepasst, und schon wird man vom Kollegen aus der Wand gedrängt. Aber was sind schon drei Meter Tiefe für einen Steinbock?

Im brüchigen Fels.

Manchmal gewinnt man den Eindruck, sie klettern um des Kletterns willen. Diese Gaisjährlinge hätten locker auch außen herum spazieren könne. Allerdings …

… ist man im Alter dann doch auch nicht abgeneigt, es ein wenig gemütlicher angehen zu lassen und den Wandersteig zu benutzen.

Wohin?

Kurz bevor die Gaisen setzen, müssen die Kitze des Vorjahres weichen, zumindest für kurze Zeit. Es ist dies nach den harten Wintermonaten die nächste Bewährungsprobe für die mittlerweile fast einjährigen Tiere. Und ebenso für die zwei- bis dreijährigen Böcke, die nun die Gaisenverbände verlassen.

Oft sieht es so aus, als ob die Tiere nicht wüssten, was mit der neu gewonnenen Freiheit anzufangen. Jährlinge schließen sich dann gern zu kleinen Trupps zusammen, die im Wintereinstand oder an dessen Rand umherstrawanzen – nicht unfroh, wenn sie sich auch immer wieder einmal an ein älteres Stück anhängen können.

Auch für die zwei- bis dreijährigen Böcke beginnt damit eine für den gesamten Bestand bedeutsame Zeit. Sie werden sich künftig für den Großteil des Jahres den Bockrudeln anschließen, nicht ohne vorher mit der Unbekümmertheit der Jugend auf Entdeckungsreise zu gehen. Dabei lernen sie ihren Lebensraum kennen, und das ist ein Wissen, das ihnen später zugute kommen wird. Gleichzeitig dienen diese Reisen aber auch dem genetischen Austausch innerhalb des Bestandes. Vorausgesetzt, dass die weiten, oft wenig zielgerichteten Wanderungen der Jungen ohne gröbere Zwischenfälle verlaufen …

„Wohin?" heißt es nicht nur für die jungen Stücke im späten Frühling. Auch für die Gaisen gilt es nun, die richtige Wahl zu treffen. Wo kann das Kitz sicher gesetzt werden?

Die Entscheidung über das Wohin ist wichtig fürs Selbständigwerden. Der junge Bock scheint ein wenig unschlüssig. Unsicherheit, Neugier oder jugendliche Unbekümmertheit?

So richtig loslassen will man noch nicht. Lieber bleibt man in der sicheren Nähe einer erfahrenen Gais so lange es geht, wie diese drei jungen Böcke.

Aber irgendwann nützt alles nichts mehr: Der Zeitpunkt der Trennung ist gekommen – allerdings ist man ein wenig orientierungslos.

Gemeinsam sind wir stark und mutig! – Jährlinge schließen sich gern in kleineren Gruppen zusammen, wenn ihre Mütter abseits den Nachwuchs zur Welt bringen.

Allein und verlassen auf weiter Felsflur – das Bild dürfte die Stimmung der Jährlinge ganz gut wiedergeben.

Alles, was die Jungtiere des Vorjahres von ihren Müttern gezeigt bekommen haben, gilt es nun abzurufen. In diesem Fall ist es eine Salzstelle im Fels.

Auch wenn sie nicht viel älter sind, übernehmen jetzt oft Gaisen, die noch nicht setzen, eine Art Führungsrolle für die Jüngeren.

In solcher Begleitung fühlt man sich wieder richtig gut und kann der Rückkehr der Mutter recht gelassen entgegensehen.

Gibt es dort unten auch Meinesgleichen? – Immer wieder gelangen die jungen Böcke auf ihren Wanderungen in Gebiete, die weit abseits vom eigentlichen Lebensraum liegen.

Jährlingsgruppen können mitunter groß werden, was ein gewisses Maß an Sicherheit gibt. Trotzdem hängt man sich gern an wenigstens ein bisschen ältere Tiere an, zumindest zeitweise.

Auch jene meist zwei- bis dreijährigen Böcke, die sich nach der Setzzeit nicht mehr den Gaisenrudeln anschließen werden, nutzen gerne die Führung einer erfahrenen Gais.

Im Herbst werden diese Böcke allerdings dann den Anschluss an die Junggesellenverbände geschafft haben. Von da an orientieren sie sich am Verhalten dieser Tiere.

Auch wenn man im Frühsommer als Jungbock oft nicht wusste, wo man hingehörte und wohin die Reise überhaupt gehen würde …

… hat man im Spätsommer die Reize des Bock-Daseins entdeckt und blickt unter der Obhut älterer Böcke in Ruhe dem Winter entgegen.

Auf der Entdeckungsreise hat man Gleichgesinnte getroffen, und auch die eine oder andere Freundschaft wurde geschlossen ...

... und ganz gleich, wohin es einen verschlagen und welchen Fehltritt man sich geleistet hat: Man ging stets hoch erhobenen Hauptes durch die Berge!

Auch landschaftlich wurde viel geboten. Was aber das Wichtigste war: Die Jungen haben den Lebensraum kennengelernt und jene Gebiete, in denen sie überleben werden können.

Felsenkinder

Der Juni klopft an die Tür. Jetzt erblüht die Pflanzenwelt der Berge zu voller Pracht. Neues Leben wird nun aber auch im Steinwildrevier geboren. Die Gaisen haben sich aus den Verbänden gelöst und in sichere, steile Felsgebiete zurückgezogen. Dort bringen sie ihre Kitze auf die Welt. In diesen Tagen dulden sie keine Artgenossen in ihrer Nähe. Nicht lange nach dem Setzen aber schließen sich die ersten Gaisen schon wieder zusammen.

Bei schlechtem Wetter kann in den ersten Wochen der Ausfall beim Nachwuchs groß sein, und das eine oder andere Kitz wird auch vom Steinadler geschlagen. Im Großen und Ganzen aber sind die Kitze quicklebendig. Kaum auf den Beinen, spielen sie auch schon und erkunden in schwindelerregendem Gelände die nähere Umgebung des Setzeinstandes.

Die Gaisen werden sich in den kommenden Wochen größtenteils in mit Grasbändern durchsetzten Felsgebieten aufhalten. Was jetzt zählt, ist Sicherheit und noch einmal Sicherheit. Für große Wanderungen bleibt da wenig Zeit, wie auch schon vor dem Setzen. Da haben sie sich höchstens von den Wintereinständen zu den Setzeinständen bewegt, sofern diese sich nicht ohnehin überschneiden. Daraus wird klar, dass die Vermischung der Bestände und der Zusammenhalt der gesamten Population über die Böcke erfolgen muss. Die Geschicke lenken aber trotzdem die Gaisen. Denn auch wenn die Böcke häufig weite Wanderungen unternehmen, so kehren sie zur Brunft schlussendlich wieder zu den Gaisen zurück…

Gaisen werden meist mit etwa 2 bis 3 Jahren geschlechtsreif. Wenn die Geschlechtsreife eintritt, können sich Böcke auch während des Jahres mitunter wie in der Brunft verhalten.

Kugelrunder Bauch – diese Gais hat eine Woche später ein Kitz gesetzt. Ob sie deshalb geruchlich so interessant für die jungen Böcke war?

Oft ist es nicht leicht zu sagen, ob eine Gais bereits gesetzt hat. Während die untere Gais noch beschlagen scheint, zeigt die andere, trotz Kugelbauches, auch schon Hungerlucken.

Diese Gais steht kurz vor dem Setzen. Sie hat sich dazu allein in ein sicheres Felsgebiet zurückgezogen, wo sie ihr Kitz bald zur Welt bringen wird.

Anfang Juni, ein großer Augenblick: das erste Kitz des Jahres!

Nicht lange, und die ersten Gaisen schließen sich wieder zusammen.

Ähnlich wie bei den Gamskitzen ist auch bei den Steinkitzen sehr bald Spielen angesagt. Dadurch werden die Muskeln gefestigt und die Trittsicherheit gestärkt.

Auch seine Verwandtschaft lernt man in diesen Tagen kennen …

… aber die engste Bindung besteht natürlich zwischen Gais und Kitz.

Nach und nach schließen sich auch die letztjährigen Kitze und jüngere nichtführende Gaisen sowie zweijährige Böcke an. In solchen Gruppen sind Tiere oft miteinander verwandt.

Na los, spiel mit mir!

In den ersten Wochen drohen große Ausfälle bei den Kitzen. Die Führung der Rudel durch alte Gaisen ist nun entscheidend, sie kennen die besten Einstände.

Überall gibt es nun Nachwuchs. Gamsgaisen ziehen mit ihren Kitzen schon früher als Steingaisen vom Fels weg auf weiter entfernte Freiflächen.

Steingais und Kitz im sicheren Einstand – aber die Naturgewalten und der Steinadler fordern selbst hier ihren Anteil.

In den frühen Morgenstunden: Steingaisen äsen mit ihren Kitzen auf einer alpinen Rasenfläche. Aber der Eindruck des offenen Geländes täuscht, denn das Ganze …

… spielt sich keine fünfzig Meter entfernt von den sicheren Felspartien ab, und der kleine Ausflug ist bald wieder beendet. Die Zusammensetzung solcher Rudel ist ziemlich konstant.

Auch hier täuscht der erste Eindruck: Böcke scheinen zwar oft die Ruhe weg zu haben, die Stellung der Lauscher verrät aber, dass man dem Frieden doch nicht ganz traut.

„Felsenkinder" – ein wirklich treffender Ausdruck für den Steinwild-Nachwuchs, und nicht nur für den Nachwuchs!

Felsenkinder

Haupt und Hörner verraten die ältere Gais. Steingaisen können selbst im höheren Alter noch starke Kitze setzen.

Spätestens im Herbst zeigt sich, wieviele Kitze die erste kritische Zeit überlebt haben. Doch die nächste große Hürde – der Winter – lässt nicht lange auf sich warten.

Dieses Kitz hat sich ein wenig von der Mutter entfernt. Bei Gefahr wird sofort die Nähe zur Gais gesucht.

Felsenkinder

Auch wenn sich die Gaisen mit ihren Kitzen im Herbst immer weiter von Felsen weg wagen, sind sie doch wesentlich vorsichtiger und misstrauischer als die Böcke …

… und ziehen sich bei Störung sofort wieder in den sicheren Fels zurück. Die Tagesruheplätze liegen ebenfalls meist in solchen felsdurchsetzten Einständen.

SOMMER UND HERBST

In den Steinwüsten

Sommer. Jetzt heißt es früh aufstehen, wenn man Steinwild sehen will. Vor allem die Böcke zieht der kühlende Wind auf die Grate und Bergrücken. Allerdings geht das Leben in höchsten Höhen oft zu Lasten des Äsungsangebotes. Aber das nimmt man in Kauf. Denn Steinwild kommt mit Kälte besser zurecht als mit Wärme, weshalb gerade die schweren Böcke die frischere Temperatur der Höhen und den Luftzug zu schätzen wissen.

Geäst wird meist in ein wenig tieferen Lagen. Bei Schönwetter spielt sich das häufig schon vor Sonnenaufgang ab. Danach ziehen die Tiere wieder in die hoch gelegenen Tageseinstände, wo sie den Tag größtenteils mit Wiederkäuen und Ruhen verbringen.

Erst mit den letzten Sonnenstrahlen kommt wieder Bewegung in die Bockrudel. Zügig, teilweise verspielt, geht es nun wieder bergab zu den Äsungsplätzen. Dabei ist es immer wieder faszinierend, wo Steinwild auch in vermeintlichen Steinwüsten noch Äsung findet – dank einer leicht gespaltenen Oberlippe ist es in der Lage, selbst kleinste Gräser oder Kräuter zwischen den Steinen aufzunehmen.

Während die Böcke sich an den ersten heißen Tagen im Frühjahr oft schon nach oben bewegen, weichen die Gaisen mit dem Nachwuchs der letzten Jahre gern auf die Schattseite aus.

Erst wenn die Schatten länger werden, begibt sich das Steinwild wieder weiter nach unten, wo es mehr Äsung findet.

Hier muss man erst einmal das Auskommen finden! Nur spärlich blickt ein wenig Grün zwischen den Steinen hervor.

Steinwild ahnt im Voraus, wie das Wetter wird. Bei einem Wettersturz zieht es häufig in tiefere Lagen. Es spürt aber auch, ob es nur kurzzeitig schlechter wird. Dann bleibt es oben.

Je höher man kommt, desto größer der Felsanteil. Dies geht allerdings zu Lasten der Äsung, die immer spärlicher wird und Ende August ohnehin schon auszutrocknen beginnt.

Schneereste finden sich in Nordhängen über 3.000 Meter den ganzen Sommer über. Anders als der Gams, der sie zur Kühlung nutzt, ist Steinwild nur selten auf ihnen anzutreffen.

In den Steinwüsten

Junger Steinwüstenbock.

Steinwild nutzt in der heißen Jahreszeit auch die Nacht. Mit Sonnenaufgang zieht es sich dann bereits in die Tageseinstände zurück. – Ob heute noch viel zu sehen sein wird?

Er genießt den beginnenden Tag bereits mit vollem Pansen und gutem Ausblick von einem sicheren Ruheplatz aus.

In den felsigen Hochlagen sind Ausweichmöglichkeiten begrenzt. Da muss man selbst bei einem ranghöheren Bock schon einmal nachhelfen, wenn man vorbei will.

Lieber aus sicherem Einstand der Gefahr ins Auge blicken als weit flüchten. – Fels spielt für das Sicherheitsempfinden des Steinwildes eine große Rolle.

Gemütliche Tagesrast einmal anders: Auf diesem Untergrund will erst ein einigermaßen ebenes Plätzchen gefunden sein!

Das mächtige Gehörn, das auf starken Stirnzapfen sitzt, belastet ständig die Träger- und Rückenmuskulatur. Aus diesem Grund versuchen die Böcke beim Ruhen meist Entlastung zu finden.

In den Steinwüsten

Die Sonne scheint den Tieren nichts anzuhaben. Selbst in den heißen Nachmittagsstunden ziehen die Böcke mitunter den kühlenden Wind einem Schattenplatz vor.

Solche Liegeplätze wollen erst einmal erklommen sein. Bodenfeinde hat das Steinwild kaum mehr, hierhin würde ihnen aber ohnedies keiner mehr folgen können.

Häufig sind die Berge in Nebel gehüllt. Was für den Bergwanderer ein Risiko darstellt, ist für die Steinböcke Selbstverständlichkeit und Alltag.

Bei Regen und Gewittern nutzt Steinwild gern Überhänge als Unterstand. Steht ein Horn allerdings – vermutlich durch Absturz – so weit nach außen, fällt es schwer, es trocken zu halten.

In den Steinwüsten

„Der Himmel blau, die Sonne scheint, mein Fels so schön mit mir vereint."

Die Rollsplittgefahr ist allerdings auch in den Bergen nicht zu unterschätzen …

Lange haben die Böcke am Nachmittag zugewartet. Nun, mit sinkender Sonne, geht es zügig einige hundert Höhenmeter bergab den Äsungsflächen zu.

Über Stunden hörte man es nur steindeln, und dann waren sie plötzlich da, gleich an mehreren Stellen. – Vor solchem Felshintergrund ist Steinwild allerdings nur mehr schwer auszumachen.

Während das Steinwild in den Hochlagen den Großteil des Tages ruht, sind die Rehböcke nun, Ende Juli, die ganze Zeit auf den Läufen – Rehbrunft!

Für das menschliche Auge sehen Felsgebiete oft ähnlich aus. Steinwild unterscheidet da viel genauer. Die Auswahl der geeigneten Stellen wird zum Teil auch erlernt.

Über Abgründen.

Im August/September steht Steinwild meist am höchsten – nun ist es immer wieder am Rand der Gletscher zu finden.

In Höhen von über 3.000 Meter eröffnet sich dem Steinwild auch einmal der Blick hinunter auf Gletscherspalten.

Einzigartige Stimmungen eines kargen Lebensraumes.

Verschwindet auf den Bergspitzen die Sonne, wird es rasch finster hier heroben.

In der Ruhe liegt die Kraft …

Ruhe und Gelassenheit – das sind zwei echte Steinbock-Merkmale. Vor allem bei den Böcken wirken die Bewegungen gemächlich, fast schwerfällig. Wiederkäuen im Liegen und Ruhen nimmt bei ihnen in der warmen Jahreszeit einen großen Teil des Tages ein. Schon an den ersten heißen Tagen im Frühling zieht es die Tiere nach der morgendlichen Äsung in die Höhe. Unter Tags ist dann stundenlang kaum mehr Bewegung in den Rudeln, mitunter erfasst man deren Größe erst, wenn die Tiere in den Abendstunden wieder auf die Äsungsflächen ziehen.

Die Gaisen verbringen weniger Zeit mit Ruhen: Sie brauchen viel Äsung, um ihre Kitze gut mit Milch versorgen zu können. Dennoch sind sie in den Geröllhalden oder im Fels oft nur schwer auszumachen. Manchmal hat man tagelang das Gefühl, der Erdboden habe sie verschluckt, obwohl ihre Streifgebiete wesentlich kleiner sind als jene der Böcke.

Im Herbst, wenn die nun feisten Böcke die schon kühleren Nachmittagstunden in der Sonne ruhend verbringen, gewinnt man den Eindruck, es sei die Ruhe vor dem Sturm. Aber der Sturm findet nicht statt: Denn die Brunft im Dezember wird alles andere als stürmisch verlaufen …

Ein Grund, warum sich ähnlich alte Böcke gerne zusammenschließen, ist die Gleichschaltung des Verhaltens im Tagesablauf.

Über den Sommer sind Bockrudel eher stabil, bleiben aber offene Verbände, in denen Tiere kommen und gehen. Vor allem jüngere Böcke ziehen immer wieder ihre eigenen Kreise.

Bei Störungen auf dem Wechsel in den Tageseinstand können Böcke empfindlich reagieren. Sind sie aber einmal niedergetan, bringt sie so leicht nichts mehr aus der Ruhe.

Die Ruheplätze der Gaisen liegen meist in sicheren Einständen. Wo Steinwild nicht bejagt wird, legen auch weibliche Tiere große Vertrautheit an den Tag.

Auch ohne ein Steinbock zu sein: Wie könnte man in so einer Landschaft nicht unzählige Stunden mit Ruhen verbringen?

An jeder Ecke lädt die Natur zum Verweilen ein und wartet mit neuen Überraschungen auf.

Bevor der Herbst anklopft, zeigt die Sommerdecke endlich ihre volle Pracht. Lange währt dieses Bild aber nicht, denn der Bergsommer ist kurz.

Am unteren Rand des Steinwildlebensraumes wird sich schon bald die Hirschbrunft ihrem Ende zuneigen, und das Steinwild beginnt den Rückweg in die Brunft- und Wintereinstände.

Die Zeit der Rückwanderungen fällt häufig mit konstanten Wetterperioden zusammen. Ob man in Vorahnung des Winters einen solchen Traummorgen noch genießen kann?

Junge Böcke überwintern immer wieder in anderen Einständen. Wo, das hängt großteils davon ab, an welche älteren Stücke sie sich anhängen.

Schon Ende September treffen die ersten Böcke in der Nähe der Gaisen ein. Die Zeitspanne ist weit gefächert, die letzten erscheinen oft erst in der Brunft.

Auch bei den Gaisen wird immer wieder an der Rangordnung gefeilt. Schließlich bringt ein hoher Rang in vielen Lebenslagen Vorteile.

Die Hörner der Gaisen sind für die Ranghöhe im Rudel weniger bedeutend als das Alter, aber bei einer jungen Dame und einer alten Tante sind die Verhältnisse dennoch klar.

Eine Gais in bester Kondition im Herbst. Sie musste allerdings keine Energie für die Milchproduktion aufbringen, da sie in diesem Jahr kein Kitz führte.

In der Rangordnung gab es den Sommer über kleinere Standortbestimmungen – so richtig ernst zur Sache ging es dabei nicht.

Auf dem Rückwechsel von den Sommereinständen treffen, wie im Frühjahr, wieder Böcke aufeinander, die sich nicht kennen – da muss Klarheit für die Brunft her!

Auch jüngere, schon geschlechtsreife Böcke fühlen sich im Herbst wie Männer. Ihre Auseinandersetzungen wenige Wochen vor der Brunft laufen gelegentlich heftiger ab als im Frühjahr.

Ein starker Sechsjähriger. Er kann schon um die zwanzig Kilogramm Fett angelegt haben. – Ob er auch tatsächlich so ein Grantscherben ist, wie er wirkt?

Kugelrund und ohne Anzeichen von Altersschwäche: ein elfjähriger Bock im späten Herbst. Er kann noch einige Winter überstehen und wird in der Brunft eine wichtige Rolle spielen.

3, 5 und 9 Jahre alt. Ein Bild, das die langsame körperliche Entwicklung der Böcke verdeutlicht. Dadurch werden Konflikte reduziert und das Zusammenleben auf engem Raum möglich.

Man kennt und versteht sich noch. Langsam wird sich auch dieser Trupp zu den Gaiseneinständen aufmachen. Ob dann so manche Freundschaft auseinandergeht?

Je näher der Winter rückt, desto bedächtiger geht Steinwild mit seinen als Fett gespeicherten Reserven um. Nur ja keine Energie mehr vergeuden! Stress wegen der nahenden Brunft hat dieser Bock noch keinen. Er ist sich seiner hohen Stellung in der Rangordnung bewusst.

Das Schattenspiel verdeckt viel, dennoch ist klar, wer hier in der Rangordnung höher steht.

Der Nährstoffgehalt der Gräser ist um diese Zeit bereits stark zurückgegangen. Oft bringt ein Sonnenbad mehr, als Kräfte durch Bewegung und Äsen zu verbrauchen.

Ging man im Sommer der Sonne meist aus dem Weg, wird sie kurz vor dem Wintereinbruch förmlich gesucht. – Die Kulisse ist jedenfalls atemberaubend.

Der aufgestellte Wedel kann ein Zeichen von Aufregung sein, etwa wegen einer Störung. Vielleicht ist dieser achtjährige Bock auch schon in Brunftstimmung?

Bleibt der Schnee im Herbst länger aus, lassen sich die Böcke auf dem Weg zurück in die Wintereinstände mitunter viel Zeit. Es wird richtig gebummelt.

Wenn sich die Schneedecke im Herbst schon so kompakt festgesetzt hat, ist es auch für die letzten verbliebenen Tiere allerhöchste Zeit, die Sommereinstände zu verlassen.

Eine entschlossene Truppe ist in den Einständen der Gaisen eingetroffen und lotet die Lage aus. Die reifen Böcke stechen durch ihre dunkleren Decken hervor.

In der Ruhe liegt die Kraft

Seit den ersten kalten Nächten lauern überall eisige Fallen im Lebensraum des Steinwildes – doch die Gaisen rufen, und die Erfahrung wird einem beim Überleben helfen.

Vom Ende der Leichtigkeit

Erfahrung bekommt man nicht in die Wiege gelegt. Man muss sie nach und nach erwerben. Viele Erfahrungen machen Jungtiere gemeinsam mit der Mutter. Vorgelebte Traditionen – also alles, was das Kitz von der Mutter lernt – werden übernommen. Diese weitergegebenen Verhaltensweisen spielen eine entscheidende Rolle – nicht nur beim Steinwild. In einem so harten Lebensraum sind diese erlernten Verhaltensmuster maßgeblich für das eigene Überleben und somit für die ganze Entwicklung eines Bestandes.

Gelernt wird zwar ein Leben lang – später überwiegend durch eigene Erfahrung –, aber jetzt im Herbst, bevor die ersten großen Schneefälle die Gebirge weiß einhüllen, ist es unumgänglich, dass die Gaisen ihren Kitzen rechtzeitig die überlebenswichtigen Wintereinstände zeigen. Aber auch jene jungen Böcke, welche in diesem Jahr die Gaisen verlassen und den Sommer über den Lebensraum erkundet haben, sollten sich nun rechtzeitig an ältere Böcke anschließen.

Schnell wird klar, wie bedeutsam bei Wildtieren alte Stücke für einen Bestand sind – sie verfügen über den größten Erfahrungsschatz.

Auch wenn die jungen Böcke in den nächsten Jahren in den Bockrudeln ständig weiterlernen, den Grundstein fürs Überleben und für die richtige Einstandswahl legen die Mütter.

Alte Stücke sind unglaublich wichtig! Die jüngeren Böcke in der Mitte und die mittelalte Gais hinten orientieren sich an der alten Gais an der Spitze – in allem, was sie tun.

Vom Ende der Leichtigkeit

Böcke auf dem Weg zurück von der Äsung zu den Ruheplätzen. Der junge Bock vorneweg führt nicht, er weiß bloß schon, wo es mit ziemlich hoher Wahrscheinlichkeit hingehen wird.

Ein Zweijähriger allein im Gaiseneinstand. Hat er es verpasst, sich an ältere Böcke anzuhängen? – Zumindest von der Mutter weiß er, wo man spätestens vor den ersten Schneefällen sein sollte.

Auch Fluchtverhalten wird teilweise erlernt. Während die Gaisen schon den Fluchtweg im Auge haben, mustert das Kitz immer noch unbekümmert den Eindringling.

Der Eindruck täuscht: Die Gais folgt nicht den beiden schwachen Jährlingen und dem starken Kitz – das zweite Stück von rechts. Sie bilden die Nachhut eines Rudels.

Die Nächte werden kalt, und die Tautropfen in Bachnähe verwandeln sich über Nacht schon in faszinierende Eisgebilde.

Auf den Bergseen schwimmen die ersten Eisschollen, und auf der Nordseite taucht die Sonne kaum mehr auf. Und wenn doch, reicht die Kraft nicht mehr aus, um den frühen Schnee wegzutauen.

In den Tälern hält sich der Nebel, und während man in der Sonne die angenehme Nachmittagsluft genießen kann, geben die schattseitigen Hänge einen Vorgeschmack auf den Winter.

Ende September – das Murmel genießt die letzten wärmenden Sonnenstrahlen. Es wird die kalte Zeit verschlafen. Der Winterschlaf ist für den Organismus eine sehr große Strapaz.

Manch einer hat sich auf seinen Wanderungen ein wenig verfranst: Was tut eine Sumpfohreule auf 2.800 Meter Seehöhe?

Vom Ende der Leichtigkeit

Ein halbes Jahr des Lernens in einem gefahrvollen Lebensraum ist jetzt vorbei. Bevor es aber richtig ernst wird, muss auch wieder einmal Zeit für ein bisschen Spielen sein.

Hätte sich das Kitz nicht bewegt, wären die beiden wohl kaum zu entdecken gewesen. Oft ist es für die Tiere besser, still zu beobachten als zu flüchten – auch ein Lernprozess.

Auch Vorlieben für bestimmte Äsungspflanzen werden weitergegeben. – Gut erkennbar die gaisenähnliche Färbung des jungen Bockes links, was typisch für jüngere männliche Tiere ist.

Ein Blick zurück in die Gebiete sommerlicher Leichtigkeit. Für diese – seltenen – Zwillingskitze werden die Launen des Winters ein Gradmesser für ihre Widerstandskraft sein.

Mit dem ersten Schnee ziehen die Gaisen mit ihren Kitzen endgültig den Kernwintereinständen zu. Sie haben lange gewartet, um die ohnehin spärliche Äsung dort zu entlasten.

Der ältere Bock ist so etwas wie der Reiseleiter für die Jüngeren. So lernen sie immer wieder neue Wintereinstände kennen.

WINTER

Brunft

Die Brunft des Steinwildes geht ziemlich ruhig über die Bühne. Der aufgestellte Wedel bei den Böcken im November ist ein erstes Zeichen, dass sie in Stimmung kommen. Viele der älteren Böcke kennen einander – die Rangordnung wird über den Sommer gefestigt und von Zeit zu Zeit nachjustiert. Auch durch die weiten Wanderungen in jüngeren Jahren hat man sich kennen und einschätzen gelernt.

Zwar gibt es in den Brunfteinständen immer wieder kleinere Auseinandersetzungen, wirklich heftige Kämpfe sind aber die Ausnahme. Sie würden zu dieser Jahreszeit – Mitte Dezember bis Anfang Jänner – zuviel Energie kosten, denn der Winter dauert noch lang.

Beim Steinwild wird meist mehr auf die Böcke geschaut, aber die Geschicke des Bestandes lenken die Gaisen. Sie sind es, die letztlich die Entscheidung treffen, wer sie beschlagen darf. Und hiezu ist die Reife des alten Bockes gefragt. Die ungestümen Annäherungsversuche jüngerer oder mittelalter Böcke werden mit Hornstößen abgetan. Hingegen weiß der alte Bock um die Geduld, die nötig ist: Mit zurückgelegten Hörnern, Zungenflippern und Laufschlag gewinnt er die Gais für sich. Deshalb muss es nicht unbedingt der nach menschlichen Maßstäben Stärkste sein, der seine Gene weitergeben darf.

Erste Vorgeplänkel Anfang November – steile, großteils sonnseitige Gebiete sind oft Brunft- und Wintereinstand zugleich. Noch zeigen sich die Gaisen unbeeindruckt.

Der hochgeklappte Wedel ist das eindeutige Signal, dass die Böcke in Brunftstimmung kommen – auch schon Wochen vor der eigentlichen Brunft.

Die Objekte der Begierde, die Gaisen. Selbst die jungen Böcke – oft aus derselben Familie –, die den Sommer noch bei ihnen verbracht haben, kommen in Stimmung.

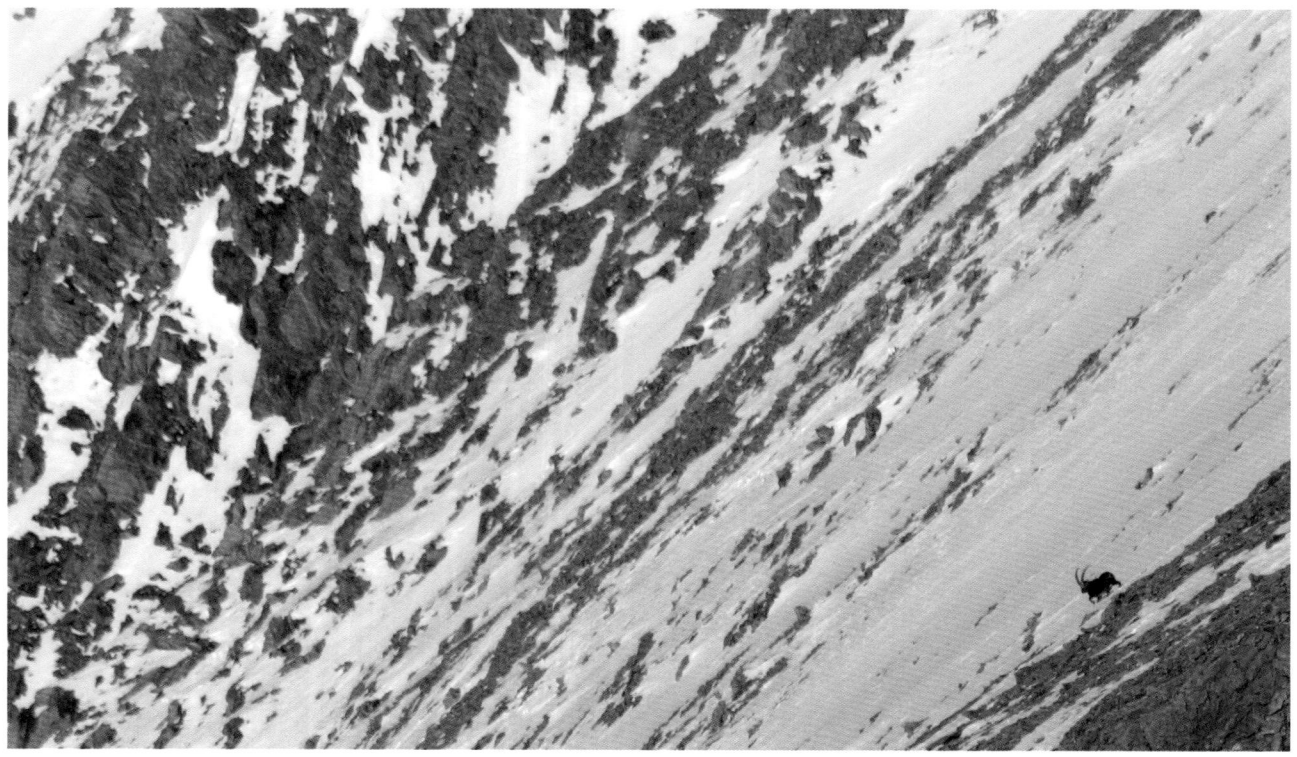

Mittelalte Böcke unternehmen vor der Hauptbrunft immer wieder weite Wanderungen zu verschiedenen Gaiseneinständen und loten dort die Konkurrenzverhältnisse aus.

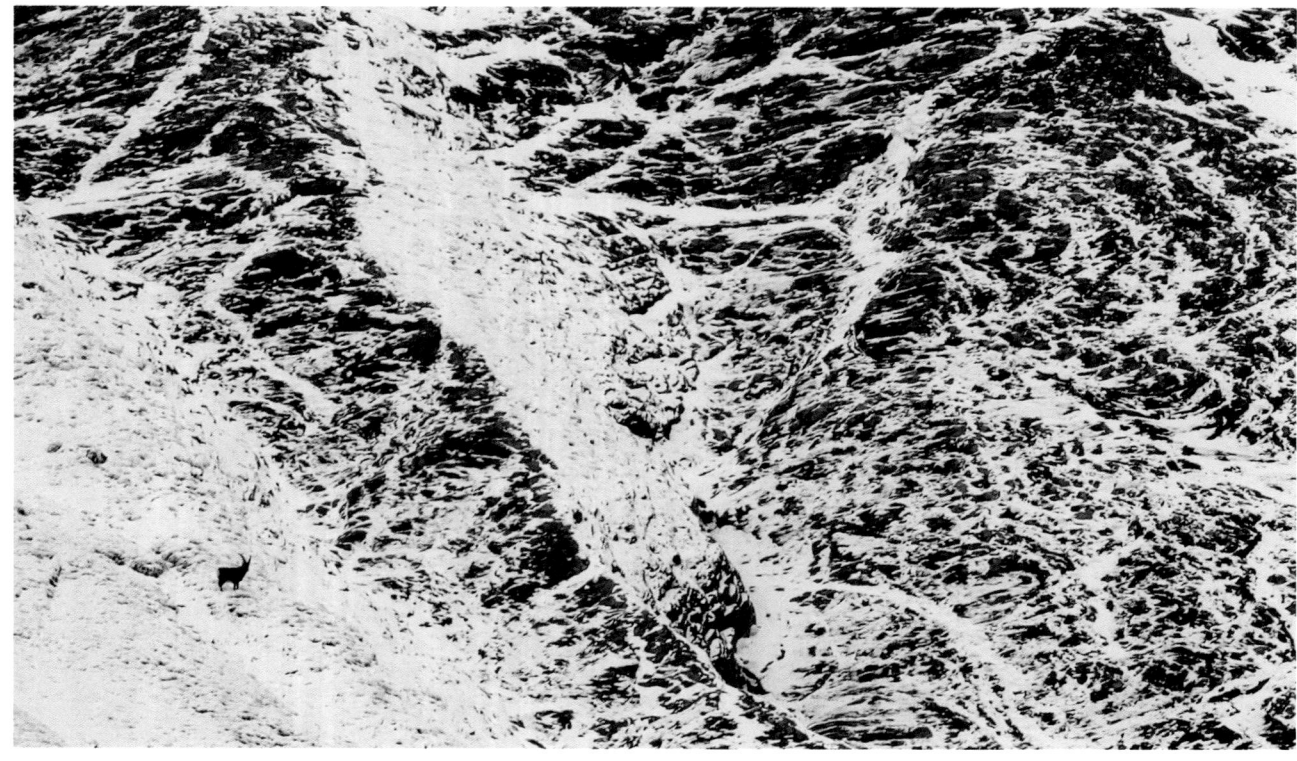

Stimmt die Altersstruktur nicht, übernehmen oft jüngere Böcke die Rolle älterer. Dies kann – im Falle weiter Wanderungen – auf Kosten der ohnehin geringeren Energievorräte gehen.

Diese Böcke folgen bereits einer Gais. Da die Rangordnung vom gemeinsamen Sommereinstand her klar ist, sind heftige Kämpfe unwahrscheinlich, und selbst die Jugend darf mitmischen.

Zusammentreffen im Gaiseneinstand: Der Elfjährige vorne und ein ihm unbekannter, starker achtjähriger Bock lassen sich seit Tagen nicht aus den Augen. Hier könnte es ernst werden.

Ist vor der Brunft viel Schnee gefallen, findet das Werben in den steilen Felsen auf knappem Raum statt. Hier ist der Schnee schon vor Tagen abgerutscht, und Grasbänder sind wieder frei.

Ist hingegen der Schnee ausgeblieben, spielt sich die Brunft weitläufiger ab. Die Böcke folgen den Gaisen, die nur für kurze Zeit aufnahmebereit sind, nun auf Schritt und Tritt.

Diese beiden Böcke dürften sich nicht kennen. Der Jüngere (unten) gibt durch das Unterschreiten der Individualdistanz zu verstehen, dass er den Rang des Älteren in Frage stellt. Das Zuwenden der Hörner…

… des Älteren reicht nicht aus, der Herausforderer weicht nicht zurück. Mit einer unglaublichen Behändigkeit dreht sich der Ältere frontal und deutet einen Hornschlag an …

… Eher spielerisch richtet sich der Jüngere noch auf die Hinterläufe, dreht aber ab – die Verhältnisse sind klar. Bei wirklich gleichstarken Böcken hätte es nun eine ernste Auseinandersetzung geben können.

Sehen und gesehen werden.

Jugendliche Neugier oder ernsthafter Blick eines Vierjährigen zu den Gaisen? Wie auch immer: Dieser Lausbub wird mit ziemlicher Sicherheit nicht zum Beschlag kommen.

Ein siebenjähriger Bock – für sein Alter bereits überraschend dunkel. Wenn die altersmäßige Zusammensetzung des Bestandes passt, sind auch seine Chancen vermutlich nur gering.

Eine stolze Erscheinung: Mit acht Jahren wird er schon sein volles Gewicht erreicht haben. Sein Auftauchen wird bei den Gaisen bereits ein wenig für Aufsehen sorgen.

Ein Elfjähriger und damit wirklich Reifer. Wenn solche Böcke die Brunftbühne betreten, müssen viele andere weichen. Jetzt ist die hohe Zeit gekommen!

Die mittelalten Böcke stehen nun unter Hochspannung: Nur nichts versäumen und alles im Auge behalten …

… denn da unten wird bereits heftig geworben.

Hinter jeder Kante, in jedem Graben, auf jedem Grat kann nun plötzlich ein Bock auftauchen, denn während die Alten werben, sind viele von den Jungen jetzt ständig auf der Suche.

Die Werbeversuche der beiden jüngeren Böcke links wurden von der Gais in ihrer Mitte mit kurzen Hornstößen abgewehrt. Ist der von rechts kommende Neunjährige nun der Richtige?

Während die Gaisen dem Schnee jetzt so gut es geht ausweichen …

… scheuen die Böcke keine Mühen, um zu ihnen zu gelangen.

Hat der Bock die Gaisen erreicht, sollen die beschwichtigend zurückgelegten Hörner eine Annäherung ermöglichen.

Brunft

Ein zwölfjähriger, seit Jahren durch die helle Decke auffallender Bock. In diesem Alter spart man schon Kräfte, vor und in der Brunft. Schließlich weiß man genau, wann man wo zu sein hat.

Gunst der Stunde: Wind hat für Schneeverfrachtungen gesorgt, die Lawinengefahr ist groß.
Der junge Bock oben ist für kurze Zeit der einzige hier – ob er die Chance hat nützen können?

Auch wenn sie genügend Erfahrung mitbringen, scheinen es diese beiden älteren Böcke Mitte
Dezember doch etwas eilig zu haben, um in den Gaiseneinständen nichts zu verpassen.

Ein typisches Bild in der Brunft, wenig spektakulär: Die Gaisen wechseln zu einem Ruheplatz, und die Böcke, unter denen die Rangordnung schon lange klar ist, folgen ihnen.

Er weiß, wie es geht – Geduld ist gefragt. Etwas abseits wirbt ein älterer Bock vorsichtig um die Gais, so lange, bis er ihr nahekommen darf. Hier wird bald neues Leben entstehen.

Schneewüsten

Die harte Zeit der Entbehrungen hat begonnen. Die Wahl des richtigen Einstandes entscheidet nun über Leben und Tod. Von den riesigen Gebieten, die im Sommer als Lebensraum zur Verfügung gestanden sind, bietet nur mehr ein Bruchteil Sicherheit und Äsung. Und selbst hier, wo ohnehin noch Wind, Schnee und Kälte getrotzt werden muss, ist man vor Lawinen, Steinschlag oder Entkräftung nicht sicher.

Der Winterlebensraum begrenzt das Wachstum eines Steinwildbestandes. Anders als der Gams ist das Steinwild mit seinen kürzeren Läufen bei gleichzeitig höherem Gewicht viel stärker an sonnseitige, steile Gebiete mit Felsanteil gebunden. Dort rutscht der Schnee rascher ab und gibt Äsung frei.

Es mutet seltsam an, aber so sehr der Steinbock als Symboltier der Alpen gilt, so schnell stößt dieses Wild bei hohen Schneelagen an seine Grenzen. Nicht nur der Sturm ist ihm dabei Feind und Freund zugleich: gefährlich, da er für Auskühlung sorgt und Lawinen heraufbeschwört, andererseits ermöglicht er aber das Überleben, indem er Äsung freilegt. Wie so vieles im Leben hat auch hier die Medaille zwei Seiten …

Noch hat sich der Winter nicht zum Bleiben entschlossen. Ein Eisregen hat in den Morgenstunden die Hänge bedeckt – nun kann jeder Tritt den Tod bedeuten.

Und irgendwann über Nacht hat der Winter die Berge dann doch in Besitz genommen. Fast lieblich erstrahlen sie im Weiß, nachdem sich der Nebel gelichtet hat.

Es sollte nicht der letzte Schnee gewesen sein. Einen Monat später hat der Winter sich endgültig über die Berge gelegt.

Kleine Lockerschneelawinen gehören jetzt zum Alltag im Steinwildlebensraum. Diese beiden jungen Böcke lassen sich dadurch nicht beirren – Leichtsinn oder schon Lebenserfahrung?

Jeder Tritt weg vom Grat
kann den Tod bedeuten.

Schneebretter können jetzt das Leben kosten, für das Steinwild legen sie aber auch Äsung frei. Wie gefährlich jedoch der Weg von den Nachtruheplätzen im Fels zu diesen Flächen ist, …

… zeigt sich erst vom Gegenhang aus. In den Hängen oberhalb der Äsungsflächen liegt noch jede Menge Schnee. Wenn er nur hält!

Dieser Bock hat genug Erfahrung und weiß: Nur nicht zu weit weg von den sicheren Felswänden bei der Äsungssuche!

Übernachtet wird gern an windgeschützten Plätzen. Diese beiden Böcke ziehen einer großen Felsnische zu, in der im Winter mitunter an die zwanzig Stück die Nacht verbringen.

Die Nebel der Nacht heben sich – und was für ein herrliches Bild: Rundherum Steinwild!

Die Morgensonne wirft lange Schatten auf die Hänge. Die Böcke nutzen ihre Strahlen zum Aufwärmen nach der kalten Nacht, und der Stoffwechsel wird langsam wieder hochgefahren.

Steinwild wird im Winter mit der Sonne hoch, heißt es. An westseitigen Wintereinständen kann das den Tieren aber manchmal zu lange dauern, wie diese Gais beweist.

Die Wintereinstände müssen mit anderen Wildtieren – wie hier mit dem Gams – geteilt werden. Sind die Steinwilddichten hoch, muss der Gams als Schwächerer weichen.

Treffen Gaisen und etwas ältere Böcke nach der Brunft aufeinander, vermischen sie sich nur selten. Bis zur nächsten Brunft gehen die Geschlechter größtenteils wieder eigene Wege.

Auch wenn es hier gar nicht nach allzuviel Schnee aussieht, der Wind hat die Gräben eingeblasen. Beim Überqueren solcher Rinnen ...

... zeigen sich sehr rasch die Grenzen, an die Steinwild im Winter stößt. Und steckt man erst einmal tief drin, kostet es viel Energie, sich da wieder herauszuarbeiten.

Noch ist Hochwinter – aber diese Gais trägt bereits neues Leben in sich. Das Ziehen im ausgetretenen Wechsel spart Energie.

Kitze haben von vornherein nicht die Möglichkeit, große Fettreserven anzulegen. Ob die Kräfte ausreichen, um den Restwinter zu überstehen? – Ein Grenzgang!

Viel Kraft kann auch das Freischlagen der Äsung kosten, zum Beispiel bei Harschschnee.

Zwei Böcke in den Buchen. – Der Winter kann das Steinwild tief herunterdrücken, dennoch überschreitet es dichter bewaldete Täler nur äußerst ungern.

In einem schneearmen Winter kann Steinwild dann aber auch bei Schönwetter wieder ganz nach oben in die Region der Gletscher aufsteigen.

Auch bei Inversionswetterlagen, wenn die Kaltluftseen in den Tälern liegen, steht das Steinwild gern ganz oben – selbst im Hochwinter.

Im Normalfall ist der Lebensraum im Winter aber eng umgrenzt. Und für das Kitz heißt es immer noch: von der Gais lernen, lernen und nochmals lernen.

Selbst wenn die Einstandsmöglichkeiten für das Steinwild im Winter eingeschränkt sind, ist es um nichts einfacher, die Tiere auszumachen.

Ein letztes Aufflackern des Winters. – Dieser Bock steht kurz vor dem Haarwechsel, die Decke ist völlig ausgebleicht. Nur die dunklen Stutzen deuten noch auf die einst markante Farbe des stattlichen Bockes hin.

Der Winter ist nun überstanden, die Strapazen sind vorbei. Der schneereiche Nordhang im Hintergrund täuscht. Es ist Anfang Mai, der Jüngling hat überlebt und kann frech in ein neues Lebensjahr blicken. Und es beginnt schon wieder zu jucken…

BILDBAND

Gams

Bilder aus den Bergen.
Ein Fotoband mit 160 Seiten und mehr als 200 Farbfotos.
Von Gunther Greßmann, Veronika Grünschachner-Berger,
Thomas Kranabitl und Hubert Zeiler.
Preis: 49.- Euro

Gams und Berg gehören zusammen. Der Bildband „Gams – Bilder aus den Bergen" hat diese enge Beziehung zwischen Wild und Natur in feinfühligen Bildern eingefangen. Eindrucksvolle, in dieser Dichte einzigartige Fotos gepaart mit kurzen prägnanten Texten gewähren dabei spannende, oft auch überraschende Einblicke in das Leben des Gamswildes. Das Ergebnis ist ein stimmungsvoller Bildband über jenes Wild, das seit jeher jeden in seinen Bann zieht.

Ein Buch zum Genießen herrlicher Bilder und – oft genug! – ein Buch zum Staunen ...

Aus derselben Reihe:
„Luchse im Böhmerwald und Bayerischen Wald" von J. Vogeltanz und J. Cerveny
„Hochsitze – Ansichten und Einsichten" von Björn Zedrosser

Österreichischer Jagd- und Fischerei-Verlag
1080 Wien, Wickenburggasse 3
Tel. +43/1/405 16 36, Fax +43/1/405 16 36/59
E-mail: verlag@jagd.at
Internet: www.jagd.at